RECHERCHES CHIMIQUES

SUR LA

VÉGÉTATION

FONCTIONS DES FEUILLES.

4me MÉMOIRE.

Par B. CORENWINDER,

Membre de la Société Impériale des Sciences, de l'Agriculture et des Arts de Lille.

EXTRAIT DES MÉMOIRES DE CETTE SOCIÉTÉ.

LILLE,

IMPRIMERIE DE L. DANEL.

1867.

RECHERCHES CHIMIQUES

SUR LA VÉGÉTATION.

FONCTIONS DES FEUILLES.

4ᵉ MÉMOIRE.

Par B. CORENWINDER,

Membre de la Société Impériale des Sciences, de l'Agriculture
et des Arts de Lille.

Extrait des Mémoires de cette Société.

LILLE,

IMPRIMERIE L. DANEL.

1866.

C.

RECHERCHES CHIMIQUES

SUR LA VÉGÉTATION.

FONCTIONS DES FEUILLES.

4ᵉ MÉMOIRE.

J'ai déjà consacré quinze années de ma vie à la recherche des lois qui président à la respiration des plantes et j'ai écrit sur ce sujet plusieurs mémoires. Il ne m'a pas été donné, j'en conviens, d'ajouter des découvertes capitales à celles de mes devanciers ; mais j'ai étendu ces découvertes et je leur ai imprimé, par des expériences précises, un caractère de vérité authentique.

On sait que les anciens physiologistes faisaient généralement leurs expériences dans des conditions qui ne sont pas celles de la nature. Ainsi, voulaient-ils observer l'action de la lumière sur les feuilles, ils détachaient celles-ci de leur plante et les plaçaient dans un bocal de verre renversé et rempli d'eau de source. J'ai reconnu , depuis , que ces expériences ne donnent pas de faux résultats , mais nul ne contestera qu'on pouvait douter de leur exactitude et qu'il y avait beaucoup d'intérêt à les confirmer au moyen d'observations faites sur des végétaux maintenus dans leur situation normale.

Pénétré de cette vérité : que dans les sciences d'observation il ne faut pas conclure au-delà de ce qui touche les sens , j'ai dû en exposant mes recherches antérieures passer sous silence des faits qu'il ne m'avait pas été possible de mettre en lumière.

Mais aujourd'hui que je suis arrivé à un degré de connaissances plus complètes sur le sujet qui m'occupe , je crois pouvoir avec avantage compléter mes mémoires précédents par quelques développements qui précisent mieux les phénomènes et élucident les points obscurs.

ASSIMILATION DU CARBONE A LA LUMIÈRE SOLAIRE.

Les savants qui ont étudié la respiration des plantes à la fin du siècle dernier opéraient généralement par une méthode assez grossière , mais qui cependant leur a permis de faire de brillantes découvertes et des observations qui n'ont pas perdu de leur valeur aujourd'hui.

La figure N° 1 donne une idée suffisante de leur méthode d'observation.

Elle représente une cloche placée sur une soucoupe et renfermant des feuilles de plantes. La cloche et la soucoupe sont pleines d'eau de source. L'appareil étant exposé au soleil, les feuilles se couvrent bientôt de bulles nombreuses d'un fluide élastique qui vient se réunir à la partie supérieure de la cloche.

— 5 —

Ce gaz examiné, on reconnaît qu'il est formé presque en totalité d'oxygène (air déphlogistiqué.) C'est à l'aide de cet appareil que Sennebier et surtout Ingenhousz ont fait de nombreuses expériences sur lesquelles ils ont écrit des ouvrages intéressants qu'on peut consulter encore avec fruit aujourd'hui [1].

Une question a dû préoccuper d'abord ces physiciens . c'est celle de connaître l'origine de l'air expiré par les feuilles maintenues sous l'eau, au soleil.

Ingenhousz prétendait que l'air déphlogistiqué qui sort de la surface des feuilles mises dans de l'eau, n'est pas puisé par elles dans cette eau [2]. Les raisons qu'il donne à l'appui de de cette opinion, sont que l'air qu'on recueille des plantes sort distinctement de leurs pores et que la quantité qui s'en échappe ainsi est supérieure à ce qu'on en pourrait tirer de l'eau par l'ébullition. Cette manière de voir d'Ingenhousz est erronnée, ainsi qu'on l'a reconnu depuis.

Sennebier n'a pas tranché la question d'une manière aussi radicale que son compétiteur. Il l'a posée en termes dubitatifs qui prouvent que pour lui la chose n'était pas aussi claire.

Voici comment il s'exprimait [3] :

« L'air produit par les feuilles végétantes exposées sous l'eau au soleil, est-il produit par l'air de l'eau qui passe dans la feuille et qui s'en échappe ensuite ; ou provient-il originairement de cette feuille ? »

Pour étudier cette question, ce physiologiste, ainsi qu'il le rapporte lui-même, mit des feuilles de pêcher, de joubarbe, des talles de gramen, sous des récipients dont les uns étaient

---

1 Sennebier. *Mémoires physico-chimiques*, 3 vol. Genève, 1782.
Ingenhousz. *Expériences sur les végétaux*, 2 vol. Paris, 1787.

2 *Expériences sur les végétaux*, t. I, p. 30

3 *Mémoires physico-chimiques*, t. I, p. 29.

remplis avec de l'eau saturée d'air fixe (acide carbonique), d'autres avec de l'eau commune, d'autres avec de l'eau distillée, d'autres enfin avec de l'eau bouillie ; il les exposa au soleil , et il trouva que les feuilles qui étaient placées dans l'eau chargée d'air fixe, fournissaient beaucoup plus d'air que les autres ; que les feuilles placées dans l'eau commune en produisaient considérablement plus que celles qui étaient dans l'eau distillée ou bouillie ; et que cette dernière était celle de toutes qui provoquait le moins l'émission de cet air [1].

Ainsi Sennebier observa le premier que la présence de l'acide carbonique dans l'eau favorise l'émission de l'oxygène de la part des feuilles placées dans ce milieu , au soleil. Mais comme il ne connaissait pas la composition de l'air fixe et qu'il ne savait pas que celui-ci contient de l'air déphlogistiqué, il ne put parvenir à expliquer ce phénomène.

Avec une profondeur de vues qu'on admire souvent chez ces éminents observateurs , Sennebier analyse toutes les conditions de ce phénomène. Ainsi qu'Ingenhousz , il se préoccupe d'abord de ce que l'air fourni par les feuilles n'est pas le même que celui qu'on retire de l'eau par l'ébullition , et conséquemment que ce n'est pas de l'eau que les feuilles retirent cet air. En outre , disait-il , les feuilles en fournissent bien plus qu'il n'y en a dans l'eau : ces organes renferment donc un air qui leur est propre et qu'elles émettent lorsqu'elles sont exposées sous l'eau au soleil. Cependant, ajoute-t-il plus loin (comme pour corriger ce que cette opinion avait de trop absolu) : on ne peut se dissimuler que les feuilles rendent d'autant plus d'air, au soleil, que l'eau où elles sont mises en est plus chargée ; il faut donc penser que ces feuilles absorbent aussi de l'air contenu dans l'eau, *mais qu'elles l'élaborent avant de le rendre.*

Sennebier pressentit donc le véritable sens de ce phénomène ;

---

[1] *Mémoires physico-chimiques*, t. 1, p. 36.

mais l'état de la chimie à l'époque où il vivait, ne lui permit pas de le préciser en termes convenables.

Plus tard, lorsqu'on connut la composition de l'air fixe (acide carbonique) on expliqua facilement pourquoi les feuilles ne donnent pas d'oxygène dans l'eau bouillie, alors qu'elles en émettent sensiblement dans l'eau de source (qui contient de l'acide carbonique) et davantage encore dans l'eau saturée de cet acide.

On admit avec raison que l'acide carbonique contenu dans l'eau, est absorbé sous l'influence des rayons solaires ; qu'il y a fixation de carbone et exhalation d'oxygène. En cette circonstance, le phénomène est de même nature que celui qui se produit dans l'air atmosphérique.

Il n'est plus douteux aujourd'hui que les feuilles plongées dans de l'eau de source absorbent l'acide carbonique contenu dans cette eau. Je crois néanmoins qu'il n'est pas sans utilité de faire connaître une particularité de ce phénomène qui me paraît intéressante.

Depuis plusieurs années, j'ai pris l'habitude de faire presque constamment, en mon jardin à la campagne, des expériences à la manière d'Ingenhousz et de Sennebier ; non pas que je me contente des résultats qu'elles me fournissent et que je les admette comme définitifs, mais parce qu'elles sont très-faciles à exécuter, exigent peu de préparations, et qu'elles me procurent souvent l'occasion de faire des recherches plus précises à l'aide de mon appareil ordinaire [1] (Note 1).

Ayant placé sous une cloche pleine d'eau de source (prise à ma pompe) des feuilles de capucine qui ont la propriété d'émettre beaucoup d'oxygène au soleil, je remarquai au bout de deux à trois jours, en retirant ces feuilles de la cloche, qu'elles étaient devenues blanchâtres. Les ayant fait sécher au soleil, il me fut

---

1 Voir mon Mémoire imprimé dans les *Annales de physique et de chimie*, année 1858.

facile d'acquérir la preuve qu'elles étaient couvertes de granulations de carbonate de chaux. Trempées dans de l'eau acidulée, ces feuilles faisaient effervescence.

En répétant une expérience semblable sur les feuilles rouges de l'Atriplex des jardins, le dépôt de carbonate calcaire ne fut pas moins abondant. Comme il ne pouvait y avoir d'évaporation sous la cloche, il est bien évident que ce dépôt, produit à la surface des feuilles, démontre que l'acide carbonique avait pénétré dans ces feuilles aux points où le dépôt calcaire avait eu lieu.

On sait que les eaux de source renferment beaucoup de carbonate calcaire dissous à la faveur de l'acide carbonique.

En faisant bouillir cette eau ou en la soumettant à l'évaporation spontanée, ce sel se dépose. Ces granulations produites à la surface des feuilles prouvent donc que, dans le cas de mon expérience, il y avait eu absorption d'acide carbonique (Note 2).

CERTAINES FEUILLES NE DONNENT PAS D'OXYGÈNE PENDANT LEUR EXPOSITION AU SOLEIL. ELLES NE PERDENT PAS NÉANMOINS LA PROPRIÉTÉ D'EXHALER DE L'ACIDE CARBONIQUE DANS L'OBSCURITÉ.

Sennebier a fait des expériences assez nombreuses à l'effet de découvrir si les feuilles exhalent de l'oxygène dans tous les états où elles se trouvent pendant leur vie [1].

A ce sujet il a constaté les faits suivants :

« 1° Les cotylédons des haricots n'expirent pas d'oxygène ou en expirent très-peu, lorsqu'on les soumet à l'action des rayons solaires ; c'est-à-dire qu'ils ne possèdent qu'à un faible degré la propriété de décomposer l'acide carbonique.

» 2° Les feuilles naissantes, de couleur jaune ou rouge en fournissent une proportion faible, sinon nulle.

---

[1] *Mémoires physico-chimiques*, t. I, p. 109.

» 3o Les feuilles qui rougissent avant de tomber comme celles de la vigne du Canada, du poirier sauvage, de la bardane, de l'épine-vinette, etc., n'en donnent aucune trace [1]. Il en est de même des feuilles sèches qui tombent de l'arbre à l'approche de l'hiver, après qu'elles ont été parfaitement desséchées [2].

» 4° Les feuilles panachées, celles qui ont des parties diversement colorées, ne produisent pas d'oxygène par leurs fragments colorés en rouge. Telles sont celles de l'amarante tricolore. Toutefois la variété de l'amarante qui a des feuilles entièrement rouges fournit assez d'oxygène lorsqu'on l'expose aux rayons du soleil.

» 5° Enfin les feuilles étiolées, c'est-à-dire celles qui se sont développées dans l'obscurité et qui sont entièrement blanches ou jaunâtres, ne donnent absolument aucune trace d'oxygène, lorsqu'on les transporte, sans transition, du milieu où elles ont vécu, dans une station où elles reçoivent les rayons du soleil. »

Tel était l'état des connaissances acquises par Sennebier, lorsque de Saussure fit une expérience, à ce sujet, sur la variété de l'arroche (Atriplex hortensis) qui a des feuilles entièrement rouges à l'époque où sa végétation est très-active. Il constata que cette plante fournit abondamment de l'oxygène lorsqu'elle est exposée au soleil, et il lui parut que cette variété rouge n'en produisait pas moins que la variété de l'atriplex qui a des feuilles vertes [3].

J'ai confirmé, il y a quelques années, cette observation de De

---

[1] Observons en passant que ces feuilles rouges sont mortes ; tout principe de végétation est éteint en elles. Cette remarque est essentielle, parce que nous verrons plus loin que ces organes peuvent affecter une couleur différente de la verte à l'époque la plus active de leur existence.

[2] M. Boussingault vient de découvrir que les feuilles vertes qu'on a fait sécher dans un herbier périssent et perdent conséquemment la propriété de décomposer l'acide carbonique.

[3] *Recherches chimiques sur la végétation*, p. 56. 1804.

Saussure, en opérant d'une manière plus rigoureuse qu'il ne l'avait fait lui-même, c'est-à-dire en mettant en expérience une plante d'atriplex végétant en pleine terre. Cette plante, placée sous une cloche contenant de l'air mélangé d'un décilitre d'acide carbonique, absorba ce dernier en moins d'une heure, sous l'influence d'un soleil assez vif.

Des recherches effectuées sur d'autres plantes qui, pendant leur période active de végétation ont des feuilles qui ne sont pas colorées apparamment en vert, m'ont appris qu'elles ont également la propriété de produire de l'oxygène tout aussi bien que les feuilles vertes [1].

Il résulte de ces observations qu'il faut distinguer les feuilles chez lesquelles la coloration rouge, blanche ou jaune est un indice de dégénérescence et d'épuisement (soit que ces couleurs affectent la feuille entière ou seulement des fragments de sa surface), de celles qui sont normalement colorées en pourpre au moment où leur activité vitale est dans toute sa plénitude. Les premières n'ont plus d'action sur l'acide carbonique, les dernières le décomposent avec énergie.

Il paraît probable qu'en général toutes les feuilles de la dernière catégorie, outre la matière colorante qui domine, contiennent aussi de la matière verte qui, quelquefois est apparente, souvent est entièrement dissimulée.

Il est même remarquable que cette matière verte qui disparaît en apparence pendant la période adulte de la végétation, au moment où la plante exerce ses fonctions vitales avec le plus d'activité, reparaît quelquefois à l'époque où la feuille vieillit. C'est ce qu'on observe particulièrement sur le noisetier pourpre dont les organes foliacés sont verts à la fin de l'été. La matière colorante pourpre est donc plus fugace que la matière verte.

Étant bien établi par les expériences de De Saussure et les

---

1 *Recherches chimiques sur la végétation.* Mémoires de la Société des Sciences de Lille, 1863.

miennes que certaines feuilles colorées en pourpre pendant la période active de leur existence, jouissent néanmoins de la propriété d'expirer de l'oxygène, à la lumière solaire; il reste à déterminer si cette propriété dépend exclusivement de la matière verte; celle-ci exerçant son action particulière, nonobstant le voile dont elle est revêtue. N'est-il pas possible aussi que la chlorophylle éprouve une modification dans sa couleur et même dans ses propriétés chimiques tout en conservant son influence sur l'acide carbonique de l'air?

Ayant entrepris depuis plusieurs années des recherches sur les feuilles panachées et sur celles qui sont étiolées, j'ai vu se confirmer les observations de Sennebier.

Pour les feuilles panachées, j'ai opéré particulièrement sur celles d'une espèce très-connue de l'érable, lesquelles sont blanches avec des fragments verts. La partie blanche n'abandonne pas de matière colorante aux réactifs chimiques; elle n'exhale pas d'oxygène à la lumière. Cette plante possède souvent à l'extrémité de ses rameaux des feuilles entièrement blanches; celles-ci sont absolument inertes à l'égard de l'acide carbonique et n'en décomposent aucune trace, même sous l'influence d'un soleil très-vif.

Il m'a paru intéressant de rechercher comment ces feuilles incolores se comportent dans l'obscurité. A cet effet, j'ai fait passer un rameau absolument dénué de vert sous la cloche de mon appareil, et j'ai vu que ces organes faibles et dégénérés exhalent de l'acide carbonique en l'absence de la lumière et même pendant le jour, lorsqu'on les maintient dans un appartement ou en un lieu fort ombragé.

Les feuilles étiolées, par exemple celles de la chicorée, qu'on fait pousser dans une cave et qui ne présentent pas de trace d'apparence verdâtre, n'exhalent pas d'oxygène lorsqu'on les transporte de l'obscurité dans un lieu éclairé par les rayons du soleil. Toutefois, si avant de faire l'expérience, on les laisse séjourner à la lumière pendant quelque temps , elles verdissent et acquièrent peu à peu la propriété de décomposer l'acide carbonique.

Ces organes blancs ou jaunâtres , développés dans l'obscurité exhalent néanmoins de l'acide carbonique. A la température de 5 à 6 degrés, cette exhalation est faible comme pour tous les végétaux , mais si la chaleur augmente , elle devient plus considérable [1].

Il résulte de ces dernières observations que le phénomène de l'expiration nocturne se manifeste même chez des végétaux dépourvus de chlorophylle [2].

LES FEUILLES DES PLANTES DÉCOMPOSENT BEAUCOUP PLUS D'ACIDE CARBONIQUE PENDANT LE JOUR QU'ELLES N'EN EXHALENT PENDANT LA NUIT.

J'ai publié en 1858 un Mémoire sur l'assimilation du carbone par les feuilles [3]. Les expériences qui en font l'objet ayant été effectuées à l'aide d'un appareil qui me permettait d'opérer sur des plantes végétant dans leur condition normale , il en résulte que mes observations ont l'avantage de mieux satisfaire l'esprit que celles qui ont été effectuées sur des feuilles séparées de leur tige. Avec cet appareil , j'ai résolu plusieurs problèmes relatifs à la respiration des plantes et j'ai complété les observations de mes devanciers.

[1] M. Boussingault a déjà annoncé qu'une plante née dans l'obscurité doit émettre incessamment de l'acide carbonique , tant que les matières contenues dans la graine fournissent du carbone. (*Annales des sciences naturelles*, t. I, p. 315 , 1864.)

[2] M. Ch. Lory a observé (*Annales des sciences naturelles*, 1847) que les Orobanches, plantes parasites dépourvues de parties vertes , dégagent de l'acide carbonique à toutes les époques de l'année , soit à la lumière solaire, soit dans l'obscurité.

[3] *Annales de physique et de chimie*, année 1858.

C'est ainsi que j'ai démontré que la quantité d'acide carbonique expirée par les feuilles pendant la nuit est bien inférieure à celle que les mêmes feuilles peuvent absorber pendant le jour, surtout par un beau soleil.

Par exemple, une plante de colza, exposée pendant une heure aux rayons du soleil, peut absorber 166 centimètres cubes d'acide carbonique. En supposant que cette exposition ait lieu pendant dix heures, en admettant *que les conditions restent absolument les mêmes*, elles en fixeraient 1660 centimètres cubes.

Or, cette plante, pendant une nuit entière, n'ayant expiré que 42 centimètres cubes, on voit que ce qu'elle gagne pendant le jour est bien supérieur à ce qu'elle perd dans le courant de la nuit [1].

Des expériences faites sur d'autres plantes m'ont donné des différences non moins considérables.

De ce que j'ai trouvé que cette plante a pu faire disparaître 166 centimètres cubes d'acide carbonique, en restant exposée au soleil pendant une heure, il n'en résulte pas nécessairement qu'en dix heures, elle en absorberait dix fois d'avantage. Aussi, en rendant compte de l'expérience précédente, ai-je eu le soin de faire cette restriction : que pour obtenir en dix heures une absorption de 1660 centimètres cubes, il fallait que pendant cet intervalle, les conditions fussent absolument les mêmes qu'elles l'avaient été pendant une heure. Cette réserve était nécessaire ; car rien ne nous autorise à admettre que l'assimilation des feuilles est constante et proportionnelle au temps, c'est-à-dire qu'en quinze heures elle serait quinze fois plus forte qu'en une heure, etc.

---

[1] Cette loi n'avait pas échappé à Ingenhousz, qui l'a exposée dans un chapitre intitulé : « Expériences qui démontrent que l'altération causée par les plantes à l'air commun pendant la nuit est de peu d'importance en comparaison de l'amélioration qu'il en reçoit pendant le jour. » (*Expérien·· les végétaux*, t. I, p. 259.)

L'intensité de l'absorption diurne varie suivant beaucoup de circonstances : en raison de la température, de l'état du ciel, de l'heure du jour, c'est-à-dire, de l'inclinaison des rayons solaires. Toutefois, peu de temps après son lever, le soleil agit déjà sur les feuilles ainsi que je l'ai démontré dans mon premier mémoire.

J'ai eu l'intention de jeter quelque lumière sur cette question, mais j'avoue que j'ai été arrêté par les difficultés dont elle est hérissée. Lorsqu'une plante est enfermée sous une cloche, on ne peut pas impunément l'exposer à toute heure à l'action du soleil, au moment où cet astre approche du zénith, la température s'élève dans la cloche à un point tel que les feuilles grillent et produisent conséquemment de l'acide carbonique : en ce cas, l'expérience est tout-à-fait mauvaise ; aussi ai-je toujours eu le soin de ne faire mes recherches que vers huit ou neuf heures du matin. Ces expériences sont beaucoup plus difficiles qu'on ne le croit, et il faut prendre des précautions pour éviter de commettre des erreurs grossières.

Je ne me dissimule même pas que l'on ne peut admettre d'une manière absolue que les conditions soient les mêmes pour les plantes enfermées sous une cloche, que pour celles qui sont maintenues en plein air où elles sont rafraichies constamment par des courants d'air chargés de vapeur. Mais comme il n'y a pas moyen d'opérer autrement, il faut bien se contenter de l'approximation qu'on obtient, et faire ses réserves sur les causes d'erreurs introduites par l'expérience elle-même.

LES FEUILLES EXHALENT-ELLES DE L'ACIDE CARBONIQUE PENDANT LE JOUR ET DANS QUELLES CIRCONSTANCES ?

On répète souvent, même devant l'Académie des sciences, que les feuilles des plantes exhalent pendant le jour de l'acide carbonique, lorsqu'elles sont exposées à la lumière diffuse.

Prise dans un sens absolu, cette opinion   ausse ; il faut
préciser au préalable ce qu'on entend par de la lumière en cet
état, car dans un mémoire précédent , j'ai prouvé que si ce phénomène a lieu pour les feuilles adultes lorsqu'elles sont maintenues dans un endroit fort ombragé ou dans un appartement,
il ne se manifeste plus lorsque ces feuilles se trouvent en plein
air, que le ciel soit clair ou voilé par des nuages.

Cette opinion a été accréditée dans la science par des chimistes
qui ont opéré dans leur laboratoire sur des tronçons de rameaux
placés dans l'air stagnant d'une cloche fermée. Cette méthode
d'observation est vicieuse : il importe , lorsqu'on veut étudier la
nature, de se rapprocher de ses procédés. Il convient dans le cas
actuel de ne conclure qu'après avoir fait des expériences sur des
plantes maintenues dans leur état normal , c'est-à-dire en plein
air.

De Saussure lui-même n'a pas été éloigné de croire que les
feuilles dégagent constamment de l'acide carbonique même au
soleil. Il a été conduit à émettre cette opinion par suite d'une
expérience que je vais faire connaître en reproduisant les termes
mêmes dans lesquels il l'a exposée.

En un chapitre de ses mémoires intitulé : « L'élaboration de
l'acide carbonique par les feuilles, est nécessaire à leur végétation au soleil [1], » voici comment il s'est exprimé :

« J'ai suspendu à la partie supérieure des récipients qui cou-
vraient des rameaux de pois , 7 ou 8 grammes de chaux éteinte
à l'eau et desséchée ensuite brusquement à la chaleur de l'eau
bouillante. J'ai fait reposer l'ouverture de ces récipients sur des
soucoupes pleines d'eau de chaux. (Note 3.)

» Dès le second jour, l'atmosphère des plantes exposées au soleil
dans cet appareil a diminué de volume.

---

[1] *Recherches chimiques sur la végétation* , p. 34.

» Le troisième jour, les feuilles inférieures ont commencé à jaunir ; et entre le cinquième et le sixième jour, les tiges étaient mortes ou entièrement défeuillées. L'atmosphère des plantes examinée à cette époque, s'est trouvée viciée ; elle ne contenait plus que $\frac{16}{100}$ d'oxygène. Des pois que j'avais fait végéter en même temps, sans chaux, sous des récipients pleins d'air commun, ne l'avaient changé ni en pureté ni en volume, et ils étaient sains et vigoureux dans toutes leurs parties. Nous voyons par l'expérience avec la chaux qu'il y a eu absorption et par conséquent formation d'acide carbonique ; car la substance qui a produit l'absorption n'a eu d'action que sur ce gaz. Nous voyons de plus que la présence ou plutôt l'élaboration de l'acide carbonique est nécessaire à la végétation au soleil. On trouve enfin, que quand on ne s'aperçoit pas de la production de l'acide carbonique par les plantes qui végètent sans chaux dans l'air commun, c'est parce qu'elles le décomposent à mesure qu'elles le forment avec le gaz oxygène environnant. » (Note 3.)

Cette expérience est dépourvue de toute précision.

De Saussure observe que *dès le second jour* l'atmosphère des feuilles exposées au soleil a diminué de volume. Le fait peut être vrai, mais en est-il de même des conséquences qu'il en tire ?

Si les feuilles devaient normalement exhaler de l'acide carbonique au soleil, cette exhalation aurait dû être sensible le premier jour ; car un phénomène physiologique de cette nature, s'il était constant et normal, devrait surtout se manifester alors que les feuilles sont encore saines et vigoureuses. En les maintenant dans une atmosphère stagnante, ces organes ne sont plus dans des conditions régulières ; et quand même ils produiraient de l'acide carbonique *le lendemain* au soleil, il serait hasardeux de conclure que cette production est le résultat d'une fonction de la plante plutôt que d'un commencement d'altération.

Toutes les fonctions physiologiques normales des feuilles se manifestent dès les premiers instants où on les observe. Que l'on expose des feuilles au soleil dans une cloche contenant avec de l'air une proportion assez considérable d'acide carbonique (un décilitre par exemple), on remarque que cette quantité d'acide est absorbée en totalité après une heure ou deux d'insolation, si les branches mises en expérience sont un peu volumineuses. Pour que la conclusion de De Saussure fût admissible, il aurait donc fallu que les feuilles exhalassent de l'acide carbonique dans les premières heures de l'expérience. C'est ce qui n'a pas eu lieu.

De Saussure fait remarquer que le lendemain, il y avait absorption dans la cloche, c'est-à-dire qu'il s'était produit une certaine quantité d'acide carbonique. Mais il n'appuie pas suffisamment, à mon avis, sur sa manière d'opérer ; il ne dit pas si les feuilles sont restées sous la cloche pendant la nuit ou s'il les en a retirées.

Il est évident que dans le premier cas l'absorption doit être attribuée à l'exhalation d'acide carbonique qui avait eu lieu dans l'obscurité. Il aurait dû s'expliquer à cet égard.

Quand bien même, du reste, ce physiologiste aurait remarqué que le lendemain, pendant le jour il y avait absorption dans la cloche et conséquemment production d'acide carbonique, pouvait-il conclure que cette production était le fait d'un phénomène normal ? Evidemment non. D'après son aveu, les feuilles inférieures ont commencé à jaunir le troisième jour ; le cinquième et le sixième jour, les tiges étaient entièrement défeuillées. Puisque l'altération était manifeste le troisième jour, ne pouvait-elle pas avoir commencé le deuxième ? N'est-ce pas elle qui a occasionné le dégagement d'acide carbonique qui émane essentiellement de toutes les matières organiques entrant dans la période de destruction ?

Et puisque ce physiologiste n'a analysé l'air, qui avait été en contact avec les plantes, qu'après la chute des feuilles jaunies, il n'était pas rationnel de conclure que la disparition de $\frac{1}{100}$ d'oxygène avait pour cause une absorption normale et physiologique exercée par les feuilles qui auraient transformé cet oxygène en acide carbonique. Cette absorption doit être attribuée plutôt à l'altération des plantes.

Si les rameaux de pois qui végètent dans des cloches ne renfermant pas d'alcalis ne changent pas la pureté de l'air, c'est uniquement parce que les feuilles peuvent reprendre pendant le jour, au soleil, l'acide carbonique exhalé pendant la nuit et se récupérer ainsi de ce qu'elles ont perdu.

Lors donc que De Saussure a émis cette proposition assez vague et dont le sens est peu saisissable :

« L'élaboration du gaz acide carbonique par les feuilles est nécessaire à leur végétation au soleil. »

Il a dit une chose vraie, s'il a entendu par là que les feuilles exposées au soleil ne peuvent vivre dans une atmosphère privée d'acide carbonique. Ce fait est parfaitement exact. En admettant que l'absorption de cet acide soit un acte nutritif, la plante meurt d'inanition dans un milieu qui en est dépourvu. Elle périt rapidement alors, surtout si elle a été détachée de ses racines.

Mais la conclusion qui me paraît fort hasardée, c'est celle que De Saussure exprime en ces termes :

« Quand on ne s'aperçoit pas de la production de l'acide carbonique par les plantes qui végètent sans chaux dans l'air commun, c'est parce qu'elles le décomposent à mesure qu'elles le forment avec le gaz oxygène environnant. »

Si je comprends bien l'idée de De Saussure, il arriverait qu'au soleil les feuilles commencent par absorber l'oxygène de l'air. Celui-ci exerçant un phénomène de combustion dans le tissu de ces feuilles, serait changé en acide carbonique et rejeté au dehors sous cette nouvelle forme. De cette manière, la respiration des végétaux serait analogue à celle des animaux. Mais cet acide carbonique, à peine mis en liberté, serait absorbé de

nouveau par les feuilles, le carbone en serait fixé et l'oxygèn
exhalé.

Cette hypothèse étant fondée sur une expérience dont je viens
de prouver l'inexactitude, il en résulte que rien ne nous autorise à l'admettre : toutefois comme il ne suffit pas de combattre
des faits mal observés avec des arguments, quelque puissants
qu'ils soient, j'ai cru devoir soumettre ce sujet à l'observation
directe.

Ainsi que dans toutes mes recherches antérieures, je me suis
fait un scrupule de n'admettre comme concluantes que les
expériences effectuées sur des plantes placées dans des
conditions normales, c'est-à-dire végétant avec leurs racines en
terre et présentant toute la vigueur désirable. Souvent, comme
terme de comparaison, j'ai opéré sur des feuilles ou des rameaux
détachés ; mais je n'ai jamais admis comme définitifs les résultats observés en cette occasion.

Voici de quelle manière ont eu lieu ces nouvelles expériences

Ainsi que je l'ai indiqué dans mon premier Mémoire, je fais
passer la tige que je veux isoler du sol à travers les rainures de
deux plaques de tôle superposées et je lute convenablement. Je
recouvre la plante d'une cloche et je mets celle-ci en communi-
cation avec les autres pièces de mon appareil [1]. La cloche qui
est fixée par un lut sur ces plaques est munie d'une douille
fermée par un bouchon que traverse un tube de verre. Celui-ci
est surmonté d'un robinet et d'un entonnoir, inférieurement il
plonge dans un vase plat en verre (fig. 2).

Cette préparation faite et le robinet A étant fermé, je fais
couler l'aspirateur avec rapidité jusqu'à ce que tout l'acide
carbonique qui était contenu dans la cloche ait été remplacé par

---

[1] Voir la description de mon appareil dans les *Annales de physique
chimie*, année 1858.

de l'air dépouillé de cet acide par son passage à travers les tubes contenant des alcalis. Cette opération terminée et ma cloche étant exposée au soleil, à l'ombre ou dans un appartement, je verse sur un filtre placé dans l'entonnoir une dissolution concentrée d'eau de barite qui se rend dans le vase placé à l'intérieur de la cloche, à proximité de la plante. On ferme aussitôt le robinet et l'on continue de faire couler l'aspirateur afin de maintenir cette plante dans une atmosphère constamment renouvelée, mais dépourvue d'acide carbonique.

Ces préliminaires posés, je vais faire connaître les expériences que j'ai effectuées par la méthode que je viens d'indiquer et les résultats que j'ai observés.

Le 8 août 1862, je fis passer sous la cloche de mon appareil une branche de laurier-amandier appartenant à un sujet vigoureux, parfaitement sain et végétant en mon jardin, à la campagne. Après avoir pris les précautions indiquées, je fis couler de l'eau de barite à l'intérieur de cette cloche. Le premier jour, température 25°, le temps était clair et le soleil brillait presque constamment. On mettait un écran pour en affaiblir l'intensité. L'expérience commencée le matin fut continuée pendant toute la journée. Vers le soir, je constatai que l'eau de barite était restée parfaitement limpide. Ces feuilles n'avaient donc pas exhalé d'acide carbonique.

La nuit suivante, nécessairement, l'eau de barite s'est couverte de carbonate.

Le lendemain, l'eau de baryte ne s'est pas troublée d'une manière sensible, mais le troisième jour, on vit apparaître des traces de carbonate. Les feuilles commençaient à jaunir.

Enfin, après avoir été maintenues pendant cinq à six jours sous la cloche, les feuilles de cette branche jaunies et flétries se sont détachées de leur tige. La branche, toutefois, n'était pas morte, car l'ayant sortie de la cloche, elle a produit de nouvelles feuilles quelque temps après.

Le 3 avril 1864, j'ai fait une expérience semblable sur une

plante de fritillaire (*Fritillaria imperialis*) n'ayant ni fleur ni bourgeon floral.

Le temps était sombre, pluvieux; le soleil fut constamment voilé par des nuages.

Le premier jour et le lendemain, l'eau de barite resta parfaitement limpide. Cette plante n'avait donc exhalé pendant le jour, *en plein air*, aucune trace d'acide carbonique.

Le 5 et le 6, les feuilles avaient jauni; le 7, elles étaient entièrement flétries. L'eau de barite se couvrit ces jours-ci d'un peu de carbonate.

Je passerai sous silence les observations de même nature que j'ai effectuées sur d'autres plantes et qui m'ont donné des résultats analogues.

Ces recherches confirment donc la critique que j'ai faite des expériences de De Saussure et prouvent que cet éminent physiologiste a été fort téméraire quand il a cru pouvoir conclure de ses observations que les feuilles, pendant le jour, au soleil, expirent de l'acide carbonique en absorbant de l'oxygène.

C'est pour n'avoir pas apporté dans cette étude tous les soins et toute la persévérance nécessaires que d'autres observateurs ont soutenu l'assertion de De Saussure. Je pense même que le désir d'établir une similitude illusoire entre la respiration des plantes et celle des animaux n'a pas peu contribué à propager cette erreur, tant il est vrai que rien n'est plus funeste à l'esprit d'observation que les idées préconçues.

Je crois aussi que beaucoup d'observateurs se sont trompés à cet égard, parce qu'ils ont opéré généralement dans leur laboratoire et qu'ils ont pris un fait particulier pour un fait général.

En ce cas, ainsi que je l'ai prouvé antérieurement, les feuilles se comportent comme pendant la nuit, elles absorbent de l'oxygène et dégagent de l'acide carbonique. Ce phénomène se remarque, quel que soit le procédé d'expérimentation employé.

Ainsi, en faisant l'expérience décrite précédemment, dans un lieu fort ombragé, on voit que l'eau de barite se couvre de carbonate pendant le jour, tandis qu'elle reste limpide, si l'on se place en un lieu découvert.

Je ne puis donc que répéter ce que j'ai établi précédemment, que c'est une erreur de prétendre d'une manière absolue, que les feuilles adultes expirent de l'acide carbonique, à l'ombre ou dans la lumière diffuse, il serait plus conforme, à la réalité des choses, de dire que ce phénomène se manifeste, pendant le jour, *toutes les fois que ces organes ne se trouvent pas dans des conditions naturelles et dans un milieu favorable à l'exercice de leurs fonctions.* C'est ce qui arrive lorsqu'elles sont dans un appartement ou en un lieu fort ombragé (Note 4).

On admet aujourd'hui que les plantes absorbent aussi de l'acide carbonique par leurs racines dans le sol et qu'elles l'élaborent par leurs feuilles sous l'influence de la lumière. Mes expériences prouvent que dans cette hypothèse l'acide carbonique contenu dans l'intérieur des tissus, ne sort pas au moins de la surface des feuilles pour subir cette élaboration, car l'affinité de l'eau de barite pour l'acide carbonique est prédominante et cet alcali l'absorberait en partie, sinon en totalité, si cet acide se répandait dans l'atmosphère environnant les feuilles mises en expérience (Note 5).

FONCTIONS DES FEUILLES DANS LEUR JEUNESSE.

Ce que je viens de prouver s'applique exclusivement aux feuilles adultes, c'est-à-dire à celles qui ont atteint leur développement complet. Les bourgeons, les pousses nouvelles, les feuilles tendres et récemment épanouies dégagent, au contraire, de l'acide carbonique *le jour*, en *plein air*, à l'ombre et souvent même au soleil.

Cette exhalation d'acide carbonique par les organes foliacés naissants est singulièrement influencée par la température. A l'ombre et par un temps froid, elle est peu prononcée ; mais si la température s'élève, elle augmente dans une proportion notable.

On sait que l'évolution d'un bourgeon est un phénomène analogue à celui du développement de la graine. Ces organes rudimentaires absorbent de l'oxygène qui brûle certaines substances carbonées qu'ils renferment, en produisant de l'acide carbonique et de la chaleur. Mais à mesure que les feuilles se développent, celles-ci absorbent, au contraire, de l'acide carbonique et exhalent de l'oxygène.

J'ai déjà fait mention de cette propriété des feuilles naissantes. Aujourd'hui, je vais présenter quelques nouveaux développements sur ce sujet et signaler une particularité essentielle de cet important phénomène.

En considérant que les organes foliacés naissants produisent à l'air de l'acide carbonique, on pourrait supposer *a priori* qu'ils n'ont pas la propriété d'exhaler de l'oxygène pendant cette première période. Cependant, les feuilles primordiales, ainsi que l'a observé Ingenhousz, du reste, commencent à expirer de bonne heure une faible proportion d'oxygène, et cette proportion s'accroît avec leur développement. Ces deux fonctions sont simultanées pendant une époque variable suivant les espèces ; la première diminue à mesure que la seconde augmente, bientôt celle-ci devient prédominante et celle-là cesse de se manifester.

Pour constater la propriété des feuilles naissantes d'exhaler de l'acide carbonique pendant le jour, je transporte mon appareil dans mon jardin, en un lieu bien découvert, et je place sous la cloche de verre, dans l'air atmosphérique, les sujets sur lesquels je veux expérimenter. A l'aide d'un aspirateur, je fais passer dans cette cloche un courant d'air dépouillé d'acide carbonique et je reçois l'acide carbonique exhalé par les feuilles dans une dissolution concentrée d'eau de barite. De cette manière, le phénomène est visible, on en saisit toutes les phases et les circonstances qui l'accompagnent.

Il n'est pas aussi facile de rendre manifeste le dégagement d'oxygène que produisent ces jeunes organes lorsqu'on les expose au soleil. Cette production est généralement très-faible, surtout dans l'origine, et il ne serait pas possible de l'apprécier avec certitude en plaçant ces feuilles dans de l'air atmosphérique dont on ferait ensuite l'analyse. Les corrections nombreuses que nécessite cette opération ne permettent pas de certifier qu'il y a augmentation d'oxygène lorsque cette augmentation est peu sensible.

Je n'ai pu confirmer cette propriété des jeunes feuilles d'exhaler, dès leur naissance, une faible proportion d'oxygène sous l'influence des rayons solaires, qu'en opérant à la manière d'Ingenhousz, c'est-à-dire, en plaçant ces feuilles dans des cloches pleines d'eau chargée d'acide carbonique. Par ce procédé, le fait est saisissant, on voit bientôt apparaître des bulles sur la face inférieure des feuilles et l'on peut recueillir une petite quantité de fluide élastique dans lequel on constate facilement la présence de l'oxygène.

A l'appui de ces propositions, je vais citer quelques expériences :

Le 7 avril 1864, j'ai exposé au soleil, dans de l'eau chargée d'acide carbonique, six jeunes pousses de lilas dont les feuilles inférieures seules étaient ouvertes. Elles produisirent de l'oxygène en proportion sensible.

Le même jour, des pousses semblables placées dans la cloche de mon appareil, c'est-à-dire dans de l'air renouvelé, exhalèrent de l'acide carbonique.

Le 9 avril, six jeunes pousses de pivoine entièrement rouges et dont les feuilles n'étaient pas encore développées, donnèrent au soleil, dans de l'eau chargée d'acide carbonique, une proportion très-sensible d'oxygène.

Au même instant, six pousses entièrement pareilles aux précédentes, mises dans la cloche de mon appareil, expirèrent en plein air de l'acide carbonique à l'ombre ou au soleil.

Le 30 avril 1865, je fis une expérience de même nature sur de jeunes pousses de pomme de terre ayant environ sept centimètres de hauteur, et j'acquis la conviction en opérant comme précédemment qu'elles exhalaient en même temps de l'oxygène et de l'acide carbonique.

Je pourrais citer un grand nombre d'expériences analogues, mais je me borne aux précédentes pour ne pas fatiguer l'attention.

Il est difficile actuellement d'indiquer en général la limite où cesse cette faculté des organes foliacés naissants de produire de l'acide carbonique en plein air, le jour. Cette limite est très-variable, suivant la nature des feuilles, leur état de développement et d'autres causes qui me sont inconnues. Tantôt cette fonction persiste assez longtemps, tantôt elle est à peine saisissable.

Ainsi, je lis dans mes notes que le 4 mai 1865 j'ai observé que de jeunes plants de betteraves, ayant environ huit centimètres de hauteur, n'ont pas donné sensiblement d'acide carbonique pendant le jour, par un temps clair, et à la température de 20°.

Le lendemain, je fis une remarque semblable sur des pousses de phlox (Phlox paniculata) à peine sortis de terre. Quoique le temps fût sombre et pluvieux, ces organes primitifs n'exhalèrent pas d'acide carbonique à la température de 20°.

Toutefois, les feuilles précédentes exposées au soleil dans de l'eau chargée d'acide carbonique, laissèrent échapper de l'oxygène en quantité appréciable.

D'autres plantes conservent, au contraire, pendant assez

longtemps, la faculté de donner de l'acide carbonique, le jour, même dans des conditions normales. Je citerai entr'autres les feuilles du Diclitra (Diclitra spectabilis).

Il m'est arrivé plusieurs fois de remarquer aussi que certains bourgeons possèdent à un haut degré la faculté dont il vient d'être question. Je citerai ceux du peuplier et du maronnier par exemple. Cette faculté s'exaltant, surtout quand ces organes sont exposés au soleil, j'ai pensé que cette anomalie pouvait avoir une cause particulière.

N'ayant pas tardé de soupçonner que la matière résineuse qui couvre les écailles de ces bourgeons n'était pas sans influence en cette occasion : j'ai fait une expérience sur ces écailles isolément et j'ai obtenu d'autant plus d'acide carbonique que la température était plus élevée.

Il ne faudrait pas attribuer uniquement à cette cause le phénomène de la production d'acide carbonique par les feuilles primordiales, car ce phénomène persiste, quoique à un moindre degré après qu'on a séparé ces écailles. En outre, beaucoup de jeunes pousses qui sont dépourvues de ces appendices ne jouissent pas moins de la propriété en question.

Il est évident que l'acide carbonique fourni par ces écailles est dû à la combustion de la substance résineuse par l'oxygène de l'air atmosphérique.

Quoique j'aie fait beaucoup d'expériences sur les différents sujets que je viens de développer, je m'abstiendrai de tout commentaire. Je me garderai bien surtout de me livrer à des considérations théoriques qui, sans doute, seraient prématurées. Observer les faits avec attention, les enregistrer avec ordre et clarté, tel doit être le rôle de l'observateur consciencieux. Il vaut mieux, à mon avis, réunir des matériaux solides que de construire avec de fragiles débris un édifice chancelant.

Je me bornerai donc, en terminant, à résumer les faits principaux et définitivement acquis qui ont fait l'objet de ce mémoire.

1° Les feuilles des plantes aériennes mises dans de l'eau chargée de bi-carbonate calcaire et exposées au soleil, absorbent l'excès d'acide qui tient ce sel en dissolution et un dépôt de carbonate neutre de chaux se produit précisément aux points où l'acide a pénétré dans les feuilles ;

2° Toutes les feuilles ne donnent pas de l'oxygène pendant leur exposition au soleil. Elles continuent néanmoins en certains cas d'expirer de l'acide carbonique dans l'obscurité ;

3° Les feuilles des plantes en général décomposent beaucoup plus d'acide carbonique pendant le jour qu'elles n'en exhalent pendant la nuit ;

4° Dans leur première jeunesse les bourgeons, les feuilles naissantes expirent pendant le jour, en plein air, même au soleil, une certaine proportion d'acide carbonique. Cette faculté subsiste pendant une époque variable suivant les espèces. Ces organes commencent de bonne heure aussi à exhaler une proportion d'oxygène, faible d'abord, mais qui s'accroît à mesure qu'ils se développent. Ces deux fonctions sont simultanées pendant une certaine période ; bientôt la dernière devient prédominante et la première cesse de se manifester [1] ;

5° Les feuilles adultes et complètement développées ne laissent pas dégager de l'acide carbonique, le jour, lorsqu'elles se trouvent dans des conditions normales, c'est-à-dire en plein air et sous la voûte du ciel. Mais si on les maintient dans un

---

1 Ces phénomènes sont du même ordre que ceux observés pendant la germination par M. Boussingault. (*Economie rurale*, t. I. p. 40. 1851.

appartement, loin des fenêtres, ou dans un lieu fort ombragé, elles en émettent plus ou moins pendant le jour, suivant la nature des plantes et l'affaiblissement de la lumière. Ceci explique pourquoi il est difficile de conserver des végétaux dans les appartements.

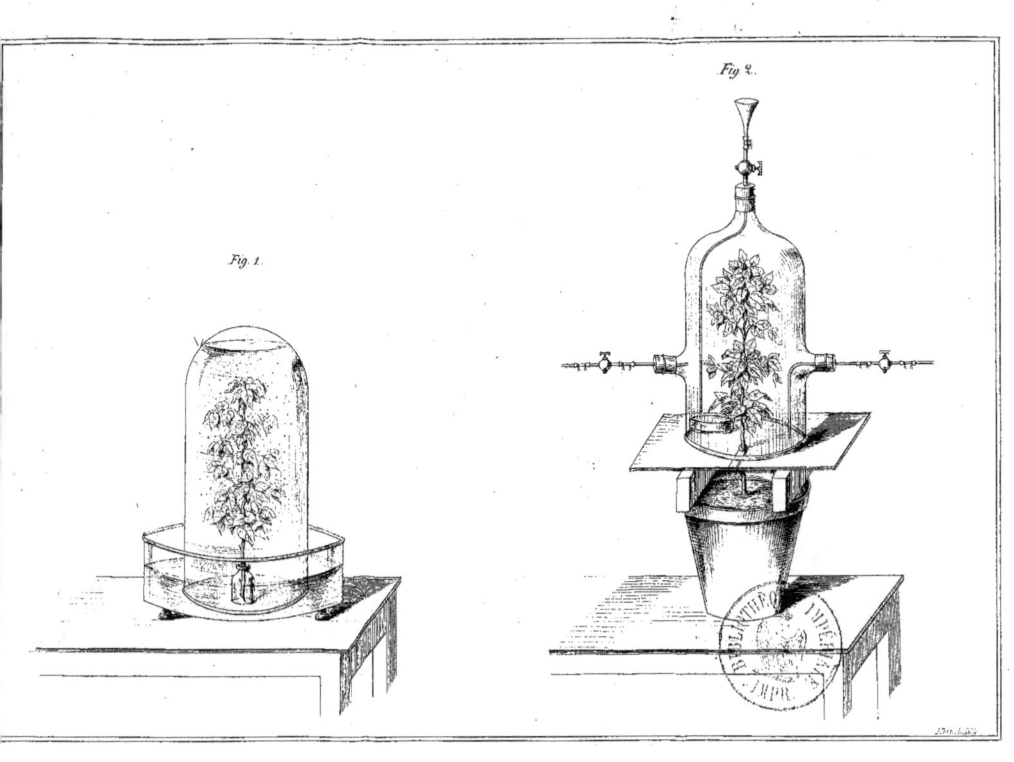

Fig. 1.
Fig. 2.

NOTES·

NOTE I.

Ayant séjourné récemment sur les bords de la mer, j'ai profité de l'occasion pour faire quelques observations sur les plantes marines.

Des branches de varecs récemment séparées de la roche calcaire sur laquelle elles étaient attachées ont été exposées, dans de l'eau de mer, au soleil. Ainsi qu'on pouvait s'y attendre, elles ont produit une quantité notable d'oxygène. J'ignore si l'on a déjà signalé ce fait; s'il l'a été, mes expériences en donnent une nouvelle confirmation.

On peut donc admettre aujourd'hui, comme une loi générale de la nature, que tous les végétaux, qu'ils vivent dans l'air, dans l'eau douce ou dans la mer, jouissent de la propriété d'exhaler de l'oxygène lorsque le soleil les baigne de ses rayons.

On sait, du reste, par les expériences de M. Morren, que de l'air puisé, par un temps calme, à la surface des flaques d'eau de mer exposées au soleil, renferme une proportion d'oxygène plus grande que l'air atmosphérique ordinaire, lorsque ces flaques donnent asile à une abondante végétation de varecs.

NOTE II.

Tous les botanistes ont remarqué qu'il se forme souvent un dépôt pulvérulent sur les feuilles submergées des plantes aquatiques, telles que le potamot, les chara, l'hippuris, etc. MM. Cloëz et Gratiolet ont constaté que ce dépôt est du carbonate de chaux, et ils ont supposé, avec raison qu'il avait lieu au moment où la feuille absorbe l'acide carbonique qui tenait ce sel en dissolution.

Mes observations prouvent donc que les feuilles aériennes se comportent comme les feuilles submergées, lorsqu'on les expose au soleil dans de l'eau chargée de bi-carbonate calcaire; seulement, avec les premières, le phénomène n'est pas de longue durée.

NOTE III.

Ce procédé d'expérimentation n'a pas été imaginé par De Saussure.

Il est dû à deux physiciens hollandais : Deinmann et Paets van Troots Wyss.

Sennebier, dans ses *Mémoires physico-chimiques* (t. 1er, p. 243) a rendu compte des expériences de ces savants.

Note IV.

Dans l'état actuel de nos connaissances, il est difficile d'expliquer pourquoi les feuilles adultes exhalent, pendant le jour, de l'acide carbonique lorsqu'on les maintient dans un appartement ou dans un lieu fort ombragé. Mais il ne me paraît pas plus extraordinaire que ce phénomène s'accomplisse en cette situation que dans l'obscurité complète. On sait que toutes les fois qu'une plante est exposée de manière que la lumière ne lui parvienne pas verticalement, elle ne se trouve plus dans son état normal ; les feuilles s'infléchissent alors et cherchent à étaler leur limbe dans un plan perpendiculaire à la *résultante* des rayons lumineux. C'est ce que tout le monde a pu remarquer. On conserve difficilement des végétaux dans un appartement, surtout si celui-ci est peu éclairé. Ils ne blanchissent pas], il est vrai , mais le plus souvent ils cessent de croître et se flétrissent. Que l'on plante un arbrisseau au milieu d'arbres déjà vieux , il est certain qu'il se développera difficilement et qu'il restera toujours chétif. Il convient même, pour que des arbres croissent, que la lumière ne soit pas affaiblie sur les branches latérales. Si deux rangées d'arbres parallèles sont plantées dans un chemin étroit , on voit presque toujours que leurs troncs s'écartent de manière à former entr'eux un angle plus ou moins ouvert. En ce cas, ces végétaux s'inclinent toujours du côté où la lumière leur est plus favorable.

Note V.

Il est prouvé que les plantes ne peuvent prospérer, ni même se maintenir dans un milieu privé d'oxygène. Toutefois, la fonction que ce gaz exerce est encore un mystère.

D'après ce qui précède , on a vu que De Saussure admettait que l'oxygène est absorbé, même le jour, par la partie aérienne des plantes et transformé en acide carbonique. Celui-ci, rejeté au-dehors , serait décomposé de nouveau par les feuilles , le carbone fixé et l'oxygène remis en liberté.

Dans cette hypothèse, la quantité d'oxygène renfermée dans un ballon qui contient une plante resterait invariable.

C'est cette fonction , très-complexe, qui ne me semble pas justifiée par l'expérience.

Il est possible, toutefois, que l'oxygène de l'air soit absorbé constamment par les tiges et les feuilles , même pendant le jour, mais le fait est difficile à prouver, parce que De Saussure lui-même a démontré que lorsqu'on fait passer une branche dans un ballon contenant de l'air privé d'acide carbonique et exposé au soleil, l'atmosphère intérieure de ce ballon s'enrichit en oxygène. Cette nouvelle acquisition d'oxygène est occasionnée par un phénomène très-important que nous examinerons dans un instant.

Suivant le même auteur, cet oxygène inspiré par les feuilles produit une combustion intérieure qui donne naissance à de l'acide carbonique; mais, d'après mes expériences, il n'est pas admissible que cet acide soit exhalé par les plantes exposées à la lumière, si ce n'est exceptionnellement dans leur premier âge.

Du reste, cet acide carbonique pourrait être transporté dans les feuilles et décomposé par elles sous l'influence de la lumière sans être expiré au préalable. C'est ainsi que s'assimile incontestablement le carbone qui existe sous forme d'acide carbonique dans les cellules végétales.

Ces faits sont encore du domaine de l'hypothèse; ils n'acquièrent un certain degré de probabilité que par la nécessité d'expliquer pourquoi les parties aériennes des plantes ne peuvent se soutenir (sauf de rares exceptions) dans un milieu privé d'oxygène.

Nous avons dit précédemment que De Saussure a observé que lorsqu'on expose au soleil, dans un ballon, un rameau chargé de feuilles, attenant à la tige-mère, il se répand dans l'atmosphère du ballon une proportion d'oxygène supérieure à celle qui y était contenue au moment de commencer l'expérience.

Cet excès d'oxygène provient nécessairement de la décomposition de l'acide carbonique qui circule dans les tissus des plantes.

Quelle est l'origine de cet acide carbonique?

On suppose généralement aujourd'hui, on enseigne même, que cet acide est aspiré dans le sol par les racines. Quoique je n'aie pas terminé les expériences que j'ai entreprises sur ce sujet, je puis certifier que ce dernier phénomène n'a pas l'importance qu'on lui attribue. Mais ce qui n'est pas douteux, d'après les observations de De Saussure : c'est que les végétaux font dans le sol, par leurs racines, des inspirations abondantes d'oxygène. Cette fonction explique la nécessité de labourer la terre, de la drainer, en un mot de lui donner toute la porosité convenable. En même temps les racines *sucent* dans l'humus et dans les engrais des éléments divers. L'oxygène brûle, élabore ces éléments et produit, entre autres composés, de l'acide carbonique qui se dissout dans les liquides séveux.

Enfin cet acide carbonique est transporté dans la circulation végétale jusqu'aux feuilles. Alors un nouveau phénomène s'accomplit. Si les rayons du soleil éclairent la nature, les feuilles décomposent cet acide, fixent le carbone, se l'assimilent et restituent à l'atmosphère l'oxygène que la plante lui avait emprunté par ses organes inférieurs.